■太阳能电池板
它们总是朝向太阳的方向，
能把太阳能转换为电能。
宇宙空间站中使用的电都由
太阳能电池板提供。

■实验室
为了深入了解宇宙，各个国
家的科研人员在这里进行各
种各样的实验。

■社区中心
学校、公共大厅和图书馆等都在这里。

山本省三

本书作者，生于日本神奈川县，毕业于横滨国立大学。作品有"发现动物不可思议的地方"系列和《了不起！探索地球中的"宇宙"——6500米的深海》《人类的大拇指了不起》等。现任日本儿童文学家协会理事长。

村川恭介

本书审订者，生于日本神奈川县，毕业于美国休斯敦大学建筑学系空间架构工程学专业，获硕士学位。参与了美国国家航空航天局（NASA）空间站、月球基地和火星基地建设的相关研究。

宇宙空间站的一天

〔日〕山本省三◎著

荀　颖◎译

致山川小学的同学们：

　　因为我爸爸在宇宙空间站工作，所以我家就搬到了这里。我记下了宇宙空间站中一天的生活，大家来读一读吧。

天野光

于宇宙空间站3区1号

这都是对于未来的幻想。

北京科学技术出版社

100 层 童 书 馆

丁零丁零……
我急忙按下了闹钟的按钮。
"呀，我竟然被弹飞了！"

啊，幸好这只是个梦。
其实，在宇宙空间站中是很难按下按钮的。
另外，因为身体很容易漂起来，
所以我们也不躺在床上睡觉，而是睡在固定在墙上的睡袋里。

失重

物体"失去"了原有的重量，
这种现象就是失重，
它产生的原因会在后面说明。
在失重环境中，
所有的东西都漂浮在空中。

在地球上我们推墙，
墙会给我们反作用力，
但通常这种力不会把我们弹走。
在宇宙空间站中则不同，
因为我们的身体处于失重状态，
所以反作用力会把我们弹走。

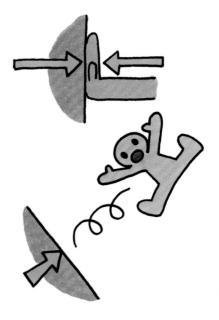

3

起床以后，我就紧抓着扶手去上厕所。

小便时要接上管子，否则尿液就会成为液滴在空中晃晃悠悠地飞。

大便时要坐在像吸尘器一样的坐便器上，这样粪便就会被吸走。

大便后不能用水冲屁股，要用纸擦。

宝贵的水

宇宙空间站的厕所里不使用水，
不仅因为宇宙空间站中没有水源，
水需要从地球上运过来，
还因为失重环境中
马桶里的水可能会溢出来成为水珠，
漂得到处都是。

尿液和粪便会被扔到
太空和地球之间的大气层烧掉，
还能经过处理还原为干净的水，
或者成为肥料等。

5

洗脸只能用湿毛巾擦，同样是因为水非常宝贵。

另外，如果用手捧着水洗脸，

水就会成为海蜇一样的水膜贴在脸上。

可以像在地球上那样刷牙，因为牙膏会粘在牙刷上。

刷牙后，可以吸一口装在袋子里的水，"咕噜咕噜"漱口。

如果把水吐出来，水就会成为水珠漂在空中，

所以要把水咽下去。

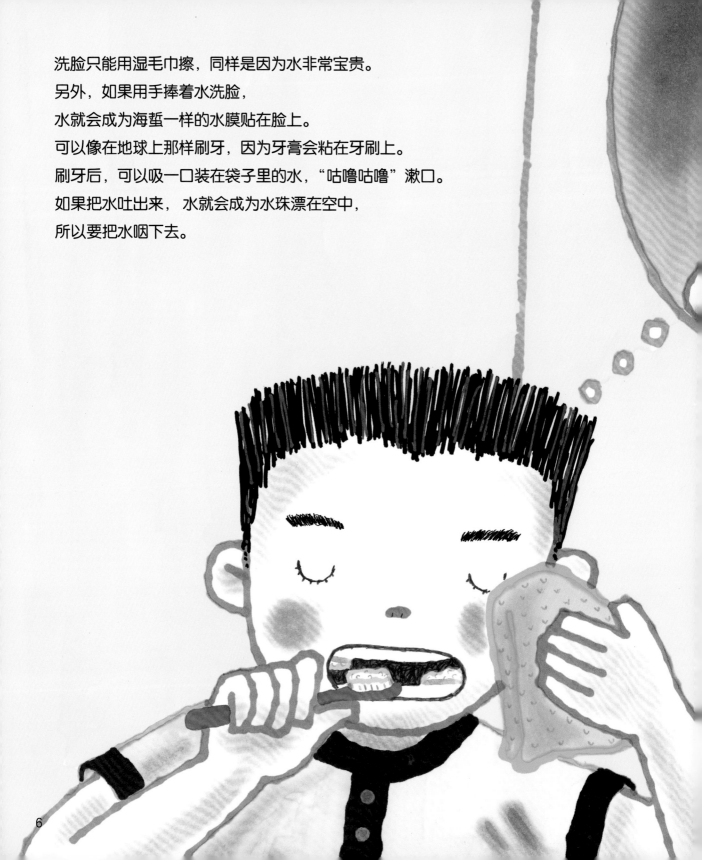

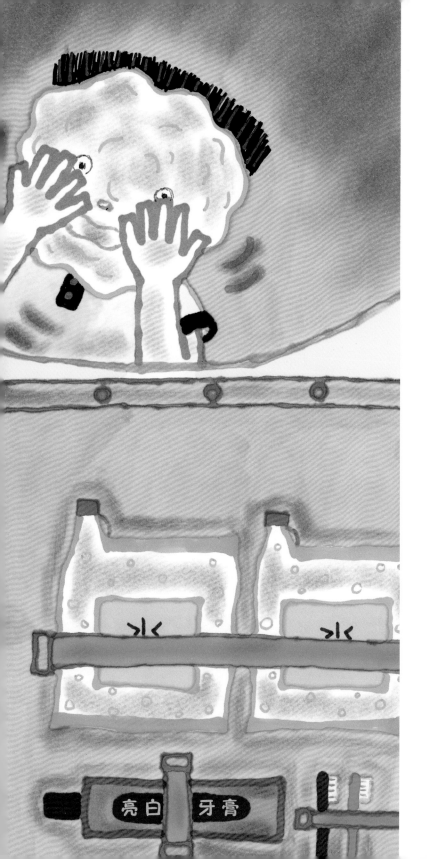

失重和水

在失重环境中，
往杯子里倒水时，
溅出来的水会成为水珠漂浮在空中，
而溢出来的水则会包裹着杯子。

在失重环境中水的表面张力变大，
所以如果在宇宙空间站中用水洗脸，
水就会形成水膜盖住脸。

因为衣服不会贴在身上，所以脱衣服很轻松。
穿衣服时，我们可以冲进漂浮的衣服里。

但是，

如果不把上衣下摆塞进裤子里，

上衣有时就会向上翻，

使肚脐露出来。

把课本和笔记本这类学习用品
放到书包里时也很麻烦。
放进书包后，如果不立即扣上书包扣，
里面的东西有可能马上漂出来。

换洗衣服

因为洗衣服会用掉很多水，
所以我们都不洗衣服。

我们一般四五天换一次衣服，
衣服是从地球上带过来的，
都是用抑制气味产生
和细菌生长的布料做的。

"小光，吃早饭了。"妈妈喊道。

"好想吃荷包蛋呀。"

"这可办不到，我们就吃煮鸡蛋吧。"

早饭吃的沙拉要放进塑料袋里，

要不然它会漂得到处都是。

在宇宙空间站中食物如果放在盘子或碗里

有可能漂起来，

所以我们很少用盘子和碗。

我们吃的食物也是从地球运过来的。

咖啡

番茄酱

奶黄酱

做饭

就像图中那样，鸡蛋就算磕破了，
也是圆滚滚的，无法摊平。
人在失重状态下做饭是很困难的，
同时，为了防止烫伤和发生火灾，
宇宙空间站中不能使用火。
所以，大部分的饭菜
都是在地球上
做好后放到
袋子里，
吃的时候
在热水里热一下。

此外，微波炉发出的电磁波
会导致其他机器发生故障，
所以我们都使用电烤箱。

吃饭时，要用胶带或皮带
把装食品的袋子固定在桌子上，
不让它们漂走。

11

烤面包的时候，
如果使用烤面包机，
面包片就会被弹到九霄云外，
所以我们使用电烤箱。

黄油和果酱等有黏性的东西，
可以粘在面包上，
所以它们是宇宙空间站中的
理想食品。

食品

在失重环境中，
橘子汁和汤这类液态食品
都得放到袋子里用吸管吸。
米饭这类有黏性的食物
可以粘在勺子或筷子上，
不会四处乱漂，
所以能从袋子里取出来吃。

因为宇宙空间站不能
与外界直接进行气体交换，
所以那些气味强烈的食品，
如纳豆、烤鱼，不是理想的食品。

好，上学的时间到了。
"早上好！"
大家从各自的家里出来，
一个个手脚相连，
在宇宙空间站的通道上漂浮前进。
在需要拐弯的地方，
值班的爸爸妈妈就推一下我们的队伍。
我们就这样飞到了学校。

用手"走路"

在失重状态下，
人无法用脚在地面上行走，
需要用手紧抓着扶手移动。

想离开一个地方时，
就用手轻轻地推一下墙壁，
利用反作用力在空中漂浮前进。
手比脚更能控制力量的大小，
所以我们移动时用手更方便。

因为宇宙空间站里的孩子很少，
所以一年级到六年级的学生都在一个教室里上课。
教室里的桌子和椅子是固定在地上的。
"老师，早上好！"
老师抓着扶手，我们抓着椅背，
站立着互相问候。
坐下后，我们要用带子把自己绑在椅子上，
脚就伸进固定在地上的带子里。

哪儿是上，哪儿是下？

太空中没有上下之分，
所以天和地无法区分。
但是，因为习惯了地球上的生活，
如果不区分天和地，
人就会很不适应。
所以，宇宙空间站的
房间的天花板、地面和墙壁
都做得很好区分。

因为腿不承重，
所以人就算一直站着
也不会感到疲劳。
但是无论如何，
还是坐着让人觉得安心。

嗯！

第一节是语文课。

老师用记号笔在黑板上写字，

由于黑板的反作用力，

老师的身体一直漂浮着。

"谁能读一读第10页的诗？"

"我来！"

我把脚从地上的带子里抽出来，

举起手，

身体一下子就漂了起来，

肚子猛然被带子勒住了。

"哎哟！"

失重的原因

为什么人或物体
在宇宙空间站中会失重呢?
物体之间都有互相作用的引力。
物体的质量越大,引力就越大。
因为地球的质量非常大,
所以我们和周围的物体
都被地球吸住了。
地球上的物体都向下落,
就是因为地球引力的原因。

宇宙空间站和人造卫星绕着地球转,
就像运动员掷链球那样。
物体在旋转的时候,
有一个向外的作用力,即离心力。
宇宙空间站受到的离心力
和地球的引力相平衡,
宇宙空间站中的人和物体
就处于失重状态。

下一节是体育课。
我们在四壁都是海绵的屋子里踢墙、跳高、做操。

为了不让身体在跑步时漂起来，
我们要绑上皮带。

举重时，
要通过拉弹簧来锻炼胳膊。

老师告诉我们：
"在宇宙空间站中重力失去了作用，
骨骼和肌肉会逐渐失去力量。
所以为了增强力量，体育锻炼非常必要。"

生活中担心的事

因为宇宙空间站中
离心力与重力相平衡，
物体"失去"了重量，
所以我们在搬动物体时就
不必费很大的力气。

这样，我们的骨骼和肌肉
就会逐渐失去力量，
回到地球后有的人甚至无法走路，
体育锻炼能防止这种情况出现。

现在大家一起玩"躲球游戏"。
身体漂起来后就无法快速移动了，
因此我们用游泳的方式来避开球。
球飞过来了，如果躲不开，
要么就接球，要么就被球打中。
啪！
"呀，被打到了！"

但是，在地球上我不擅长的跳箱，
在这里无论多高我都能轻松跳过。
撑竿跳也变得容易了，
我只要轻轻一跳就可以了。

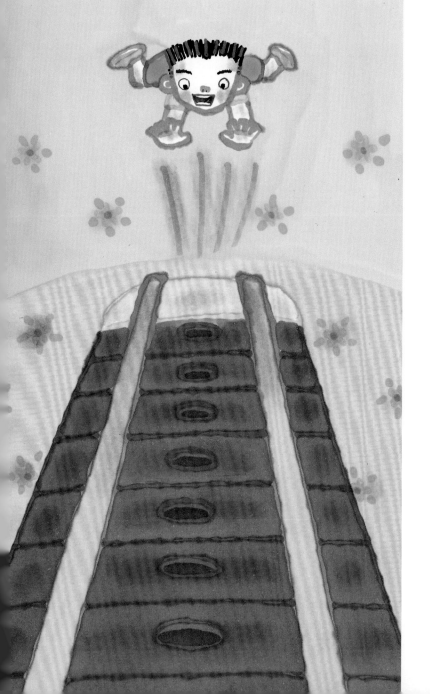

失重和运动

在失重环境中
也有不能进行的体育运动。
首先是游泳，
因为无法往泳池里注水。
其次就是滑雪和滑冰，
因为大家的身体都是漂浮着的。

至于网球等球拍类运动，
击球的方向可就不止一个了，
而是可以从四面八方击打，
非常有意思。
而足球和篮球这类
要求快速移动的运动，
比赛时还需要脚蹬或手推墙壁，
所以应该会更加激烈。

23

该吃午饭了。
今天的午饭有
奶油烤菜、炸鸡块和汤。
哇，放炸鸡块的箱子翻了，
教室里到处漂着炸鸡块。
大家都张开嘴，
"啊呜啊呜"地吃起来。

菜单

奶油烤菜黏黏的，
所以只要把盛它的容器固定住，
就能用勺子或者叉子吃了。
咖喱饭和浇了酱汁的意大利面
也能这样吃。
寿司可以用手拿着吃但是要拿紧。

炸鸡块这样的菜，
可以用筷子从带盖的容器里
一块一块地取出来吃。
带汤的拉面、荞麦面和乌冬面等
吃起来就比较麻烦，
要把调味汁煮稠一些才能吃。

25

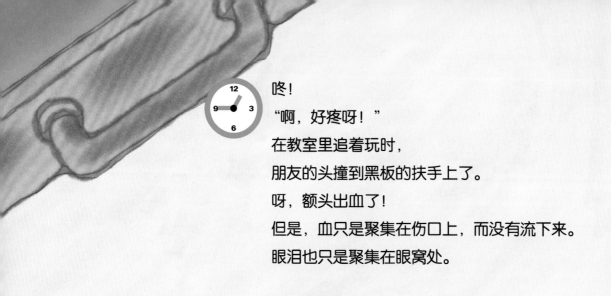

咚！

"啊，好疼呀！"

在教室里追着玩时，

朋友的头撞到黑板的扶手上了。

呀，额头出血了！

但是，血只是聚集在伤口上，而没有流下来。

眼泪也只是聚集在眼窝处。

受伤

我们要尽量避免受伤，
因为宇宙空间站中
并不具备完善的医疗条件。

如果受伤出血了，
血不会流下来，
只会在伤口周围蔓延。
眼泪也只是聚集在眼窝处，
所以，血和眼泪
要用纸或者毛巾擦掉。

处理小伤口和在地球上一样，
直接贴上创可贴就行了。

在放学回家的路上，
我们从窗口向外眺望。

宇宙空间站围绕着地球高速旋转，
太阳频繁升起和落下，
让人看得眼花缭乱。
所以宇宙空间站中
白天和黑夜的划分
都按照国际标准时间。

时间

宇宙空间站绕地球一周
大约需要 1 小时 30 分。
这样，日夜交替非常快，
一天的时间就会很短。

夜　　昼

所以，宇宙空间站中的时间遵循
国际标准时间（又称格林尼治时间）。
冬天比日本晚 9 小时，
夏天比日本晚 8 小时。

国际标准时间

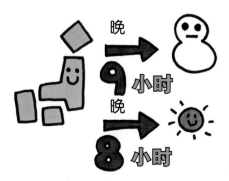

晚
9 小时

晚
8 小时

29

和在地球上一样，
放学回家后我可以先看电视或者玩游戏，
然后写作业。
地球上的电视节目可以通过电磁波传输过来。

但是吃过晚饭后，
不能用澡盆洗澡有点儿遗憾。
那样洗的话，热水会包在身上，
所以我只能用湿毛巾擦身体。

晚上9点，
睡觉的时间到了。
今天我就漂着睡吧。

休闲活动

收到地球上发来的电磁波后，
就能观看地球上的电视节目了。

澡盆也像水池一样，
无法倒入热水。
而且，因为洗澡要用很多水，
所以在宇宙空间站中洗澡
只能用湿毛巾或海绵擦身体。

如果你习惯了在失重状态下睡觉，
你可以漂着睡，这样会舒服些。
不可思议的是，
人在失重状态下的睡眠姿势
和大猩猩站立的姿势一模一样。

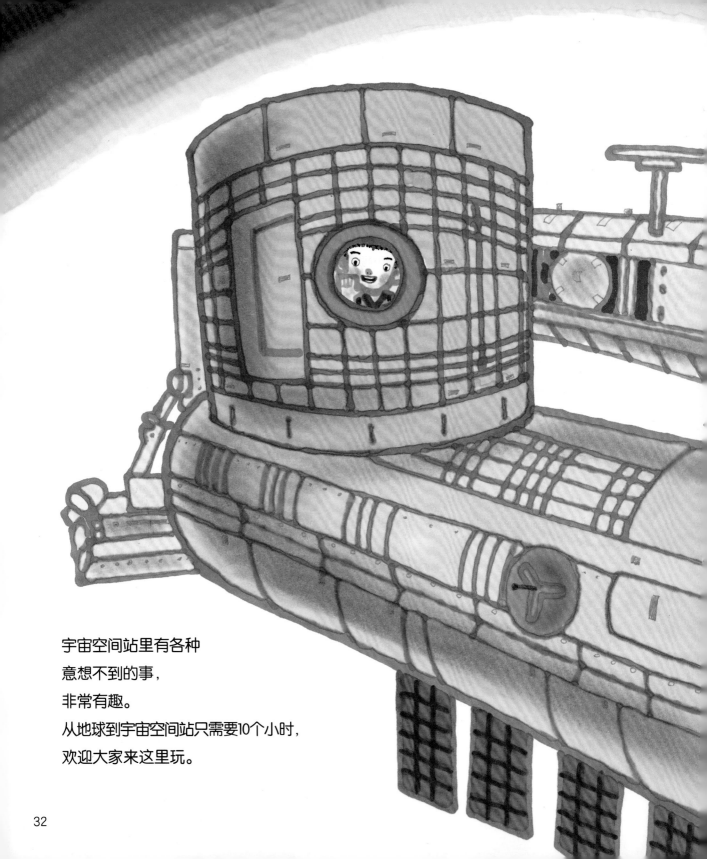

宇宙空间站里有各种
意想不到的事，
非常有趣。
从地球到宇宙空间站只需要10个小时，
欢迎大家来这里玩。

MOSHIMO UCHÛ DE KURASHITARA

Copyright © 2013 by Shozo YAMAMOTO

First published in Japan in 2013 by WAVE PUBLISHERS CO., LTD.

Simplified Chinese translation rights arranged with WAVE PUBLISHERS CO., LTD.

through Japan Foreign-Rights Centre/Bardon-Chinese Media Agency

Simplified Chinese translation copyright © 2022 by Beijing Science and Technology Publishing Co., Ltd.

著作权合同登记号 图字：01-2014-3914

图书在版编目（CIP）数据

宇宙空间站的一天 /（日）山本省三著 ； 荀颖译. —北京：北京科学技术出版社，2022.8（2023.7 重印）
ISBN 978-7-5714-2323-0

Ⅰ. ①宇… Ⅱ. ①山… ②荀… Ⅲ. ①航天站－儿童读物 Ⅳ. ① V476-49

中国版本图书馆 CIP 数据核字（2022）第 087444 号

策划编辑：荀　颖	电　　话：0086-10-66135495（总编室）		
责任编辑：张　芳	0086-10-66113227（发行部）		
封面设计：沈学成	网　　址：www.bkydw.cn		
图文制作：沈学成	印　　刷：北京博海升彩色印刷有限公司		
责任印制：张　良	开　　本：830 mm×1194 mm　1/20		
出 版 人：曾庆宇	字　　数：25 千字		
出版发行：北京科学技术出版社	印　　张：2		
社　　址：北京西直门南大街 16 号	版　　次：2022 年 8 月第 1 版		
邮政编码：100035	印　　次：2023 年 7 月第 2 次印刷		
ISBN 978-7-5714-2323-0			
定　　价：45.00 元			

●太空中的用具

■压缩桌子
为了充分利用宇宙空间站的空间，不用时可以将它压缩收起。

充入空气后膨胀就成了桌子。

■刷子
在失重环境中，随意放置的东西常常会漂走。可以把东西插到大的刷子上面。